普通高等学校机械基础课程规划教材

工程基础与训练实习报告（机械类）

第二版

主　编　夏绪辉
副主编　周幼庆　刘　翔　王　蕾

华中科技大学出版社
中国·武汉

内 容 简 介

本书是为了适应科学技术的不断发展及教学改革的不断深入而编写的。全书共分六大部分，包括工程训练概述、工程材料及其热处理、铸造、锻压、焊接、车工、铣工、刨工、磨工、钳工、数控车、数控铣、数控线切割与快速成形、电子工艺技术以及综合工程训练等全部实训所需的报告内容。

本书可作为高等学校机械类专业的机电综合工程训练实习报告，也可供相关工程技术人员参考。

图书在版编目(CIP)数据

工程基础与训练实习报告：机械类/夏绪辉主编. —2 版. —武汉：华中科技大学出版社，2018.6
普通高等学校机械基础课程规划教材
ISBN 978-7-5680-4302-1

Ⅰ.①工…　Ⅱ.①夏…　Ⅲ.①机械工程-高等学校-教学参考资料　Ⅳ.①TH

中国版本图书馆 CIP 数据核字(2018)第 135022 号

工程基础与训练实习报告(机械类)　第二版　　　夏绪辉　主编
Gongcheng Jichu yu Xunlian Shixi Baogao(Jixielei)

策划编辑：俞道凯
责任编辑：吴　晗
封面设计：原色设计
责任监印：周治超
出版发行：华中科技大学出版社(中国·武汉)　　电话：(027)81321913
　　　　　武汉市东湖新技术开发区华工科技园　　邮编：430223
录　　排：武汉三月禾文化传播有限公司
印　　刷：武汉华工鑫宏印务有限公司
开　　本：787mm×1092mm　1/16
印　　张：3.5
字　　数：80 千字
版　　次：2018 年 6 月第 2 版第 1 次印刷
定　　价：9.90 元

工程基础与训练
实习报告
（机械类）

学　　院 ________________

班　　级 ________________

姓　　名 ________________

学　　号 ________________

实训时间 ________________

评分统计			
训练 1　工程训练概述*		训练 10　磨削工艺	
训练 2　工程材料及其热处理		训练 11　钳工工艺	
训练 3　铸造工艺		训练 12　数控车削	
训练 4　锻压工艺		训练 13　数控铣削	
训练 5　焊接工艺		训练 14　数控线切割、快速成形*	
训练 6　切削加工基础知识*		训练 15　电子元件及焊接工艺	
训练 7　车削工艺		训练 16　机电综合小车分析与设计*	
训练 8　铣削工艺		训练 17　工程训练的体会、意见和建议	
训练 9　刨削工艺			

前　　言

“工程训练”是高等学校理工类专业中普遍开设的实践性教学课程。随着科学知识更新速度日益加快，制造技术日新月异，新材料、新技术、新工艺不断涌现，工程训练课程的教学内容也不断更新和丰富。为了不断提高工程训练的教学质量，让学生在实践锻炼的同时可以较好地掌握机械制造的理论基础知识，我们基于《工程基础与训练（第二版）》教材，结合学生专业需求，编写了《工程基础与训练实习报告（机械类）》和《工程基础与训练实习报告（非机械类）》两本实习报告。其中，带“*”号的内容可根据具体实训安排选做。学生通过各项目的训练，在学习实训教材的基础上，按照教学要求完成实习报告。

参加本书编写的人员有夏绪辉、周幼庆、刘翔、王蕾、曹建华等。

由于编者水平有限，书中难免有错误和不妥之处，恳请读者批评指正。

编　者

2017 年 11 月

目　录

第一部分　工程训练概述

成绩	

训练 1　工程训练概述*

一、填空题(每空 2 分,共 48 分)

1. 制造不仅指具体的工艺过程,还包括________、________、________、________、________等产品整个生命周期过程。

2. 现代制造模式均具有如下四个共同特点:________、________、________、________。

3. 现代制造模式的类型按制造过程利用资源的范围分为________系统、________系统和________系统。

4. 机械制造工艺系统由________、________、________及________组成。

5. 机械制造辅助过程,包括________、________、________、________、________和________等。

6. 电子产品制造工艺,也称为整机制造工艺或电子组装工艺,包括________制造工艺、________制造工艺和整机组装工艺。

二、问答题(共 52 分)

1. 现代制造模式包含哪些基本内容?(9 分)

2. 现代制造技术的主要内容有哪些?(9 分)

3. 机械制造的常见工艺过程有哪些？(9 分)

4. 电子制造工艺组成有哪些？(9 分)

5. 工程训练的基本安全要求有哪些？(8 分)

6. 进行工程训练时的着装要求有哪些？(8 分)

第二部分　材料成形技术

成绩	

训练2　工程材料及其热处理

一、填空题(每空2分,共30分)

1. 钢的普通热处理包括________、________、________和________。

2. 退火是将金属合金加热到适当温度,并________,然后________的热处理工艺。

3. 淬火的主要目的是提高________和________,增加________。

4. 热处理工艺中,回火可分为________、________和________。

5. 回火的目的是减小或消除工件在淬火时形成的________,降低淬火________,使工件获得较好的________等综合力学性能。

二、判断题(正确的打"√",错误的打"×"。每小题3分,共9分)

1. 表面热处理是指通过快速加热,仅对钢件表面进行热处理,以改变内部组织和性能的热处理工艺。　(　　)

2. 厚薄不均匀的淬火工件冷却时,应将薄的部分先入水。　(　　)

3. 回火是对淬过火的钢而言的,回火工序直接决定了淬火工件的使用性能和寿命。　(　　)

三、选择题(请将正确答案的序号填入题后面的横线上,可多选。每小题3分,共9分)

1. 热处理工艺中,工件正火时的冷却方法是________。

　a. 快速冷却　　b. 随炉冷却　　c. 在空气中缓冷

2. 钳工实训中制作的小手锤,可进行________热处理,来提高它的硬度和耐磨性。

　a. 退火　　b. 正火　　c. 淬火后低温回火

3. 细而长的零件淬入水中时,采用________的方式比较合适。

　a. 平放　　b. 斜放　　c. 垂直放入

四、问答题(共52分)

1. 淬火、回火的目的分别是什么?(13分)

2. 什么是退火？（12 分）

3. 表面淬火可分哪两种？（15 分）

4. 实习中用 65Mn 钢绕制弹簧的工艺是怎样的？（12 分）

成绩	

训练3　铸 造 工 艺

一、填空题(每空1分,共33分)

1. 型砂应当具备的性能是:透气性、________、________、________和________。

2. 常用铸造的手工造型方法有:整模造型、________造型、________造型、________造型和________造型等。

3. 典型的浇注系统是由内浇道、________、________和________等四部分组成的。

4. 砂型铸造生产的工艺流程如下:

芯盒 → □ → □ → □ ↘

□ → □ → □ → □ → □ → 铸件

模型 → □ → □ → □ ↗

5. 模型的尺寸应比零件的尺寸大一个________和________,应比铸件的尺寸大一个________。

6. 对于壁厚不均匀的铸件,应当在铸件最________处、最________处设置冒口,以防铸件形成________。

7. 铸型一般由上砂型、下砂型、________、________、________、________和________等几部分组成。

二、判断题(正确的打"√",错误的打"×"。每小题1分,共7分)

1. 砂型铸造是铸造生产中唯一的铸造方法。 (　　)

2. 造型舂砂时,为了提高效率,每层砂都要用平锤打紧后,再加入第二层砂子。 (　　)

3. 同一砂型,各处的紧实度要求是相同的。 (　　)

4. 手工砂型铸造时,增大舂砂紧实度,一般会提高砂型强度,同时又可提高砂型的透气性。 (　　)

5. 为了提高砂型的透气性,应当在砂型的上、下箱都扎通气孔。 (　　)

6. 冒口是用于将金属液浇入铸型型腔的通道。 (　　)

7. 芯骨的作用是增加型芯的强度和排气。 (　　)

三、选择题(请将正确答案的序号填入题后面的横线上,可多选。每小题2分,共12分)

1. 直浇道的作用是________。

　a. 挡渣

　b. 引导金属液进入横浇道

　c. 控制浇注温度

　d. 控制铸件的收缩

2. 对于图 3-1 所示的铸件,应采用________。

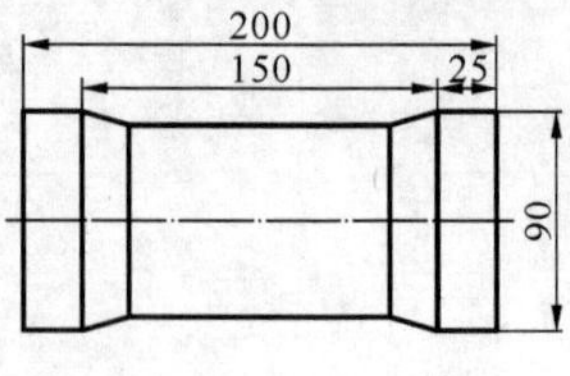

a. 整模造型

b. 分模造型

c. 挖砂造型

d. 活块造型

图 3-1

3. 横浇道的作用是________。

a. 补充合金的收缩　　b. 分配金属液进入内浇道

c. 挡渣　　d. 排除铸型中的气体

4. 图 3-2 所示为一个砂箱的几种不同的舂砂路线,其中________是正确的。

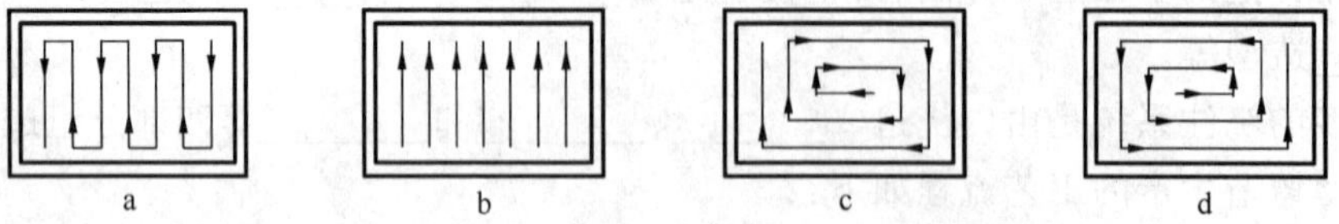

a　b　c　d

图 3-2

5. 分型面应选择在________。

a. 受力面的上面　　b. 加工面的上面

c. 零件的最大截面处

6. 如铸件壁厚不均匀,其内浇道应开设在________。

a. 壁薄处　　b. 型芯位置　　c. 壁厚处

四、问答题(每小题 8 分,共 48 分)

1. 什么是铸造？铸造生产方法有哪些？

2. 什么是粘砂、缩孔、砂眼、渣眼？它们产生的主要原因各是什么？

3.造型时为什么要舂砂?

4.如何确定分型面?

5. 造型中，开设内浇道时应注意哪些问题？

6. 简述整模造型、分模造型、挖砂造型。

成绩	

训练4　锻压工艺

一、填空题(每空2分,共28分)

1.始锻温度一般应低于该金属材料的熔点________~________。

2.锻造前加热的目的是为了提高________和降低________。

3.机器自由锻所用的设备通常有________、________和________等,板料冲压所用的设备有________、________。

4.自由锻造的基本工序有镦粗、拔长、________、________、________、________、________等。

二、判断题(正确的打"√",错误的打"×"。每题4分,共12分)

1.锻造加热时,时间越长越好。（　　）

2.各种金属材料的锻造温度都是一样的。（　　）

3.锻造时加热温度越高,产生的氧化皮就越多。（　　）

三、选择题(请将正确答案的序号填入题后面的横线上,可多选。每题4分,共12分)

1.坯料加热时,始锻温度的确定主要受________现象所限。

a.脱碳　　b.氧化　　c.过热和过烧

2.镦粗时,为避免镦弯,应使坯料的原始高度与它的直径之比________。

a.大于2.5　　b.小于2.5

3.45钢的锻造温度范围是________。

a.1200~800 ℃　　b.900~700 ℃　　c.1500~900 ℃

四、简答题(每题16分,共48分)

1.锻造的工艺包括哪些内容?常用的锻造方法有哪些?

2.可锻性的含义是什么?金属可锻性的高低与什么因素有关?

3.什么是始锻温度和终锻温度?低碳钢和中碳钢的始锻温度和终锻温度各是多少?

成绩	

训练5　焊接工艺

一、填空题(每空2分,共40分)

1.焊接常见的缺陷包括:夹渣、未焊透、________、________、________和________。

2.手工电弧焊引弧有两种方法,即________法和________法。

3.有一用钢板拼焊而成的工件如图5-1所示。请填表5-1说明工件上各接头形式和焊接的空间位置(注:工件在焊接过程中不能翻转,但工人可以进入箱体内部进行手工电弧焊操作)。

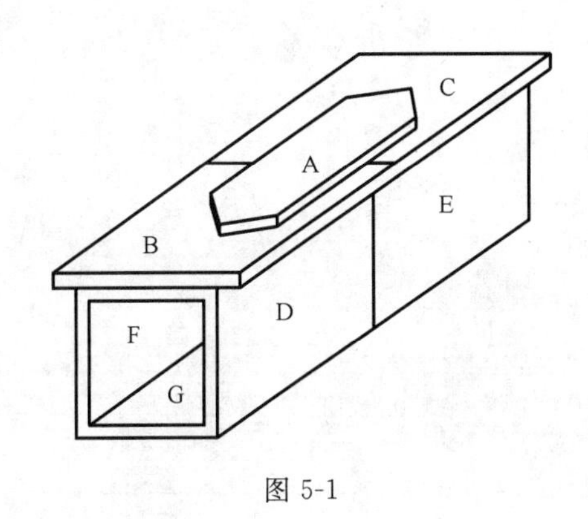

图5-1

表5-1

标号	接头形式	焊接位置
A与B		
B与C		
C与E		
D与E		
F与G		

4.气焊设备装置包括:氧气瓶、乙炔瓶、________、________、________和________。

二、判断题(正确的打"√",错误的打"×"。每小题3分,共9分)

1.在焊接过程中,焊条移动的速度越快越好。　(　　)

2.焊接电流过小会使电弧不稳,易造成未焊透。　(　　)

3.焊条的直径越大,选择的焊接电流应越小。　(　　)

三、选择题(请将正确答案的序号填入题后面的横线上,可多选。每小题3分,共9分)

1.手工电弧焊引弧可用________。

a.开关法　　b.摩擦法　　c.不接触法

2.手工电弧焊时,焊接电流调节得过大易造成________。

a.未焊透　　b.变形　　c.烧穿

3.在手工电弧焊接中,正常弧的长度应该________。

a.小于焊条直径

b.等于焊条直径

c.大于焊条直径

四、问答题(共42分)

1. 怎样选择焊条直径和焊接电流？焊接电流为什么不能过大或过小？(16分)

2. 简述电焊条的组成部分及其作用。(14分)

3. 能用氧气切割的材料必须具备哪些特点？(12分)

第三部分　机械切削加工技术

成绩	

训练6　切削加工基础知识*

一、填空题(每空2分,共36分)

1.在切削过程中,主运动是提供________的运动,进给运动是提供________的运动。

2.零件技术要求包括________、________、________和________等。

3.表面粗糙度 Ra 值越大,零件表面越________;Ra 值越小,零件表面越________。

4.最常用的刀具材料有________和________。

5.游标卡尺可直接测量工件的________、________、________、________和________等尺寸。

6.百分尺的种类包括________百分尺、________百分尺和________百分尺等。

二、问答题(共64分)

1.切削运动的主运动与进给运动的区别主要有哪些?(12分)

2.刀具材料应具备哪些性能?(10分)

3.刀具切削部分的组成要素有哪些?(12分)

4. 刀具前角的大小对切削有什么影响？(10 分)

5. 几何公差主要包含哪些项目？(10 分)

6. 机械制造中的常用量具有哪几种？各有什么特点？(10 分)

成绩	

训练7　车削工艺

一、看图填表(每空0.5分,共11分)

现有图7-1所示的车床,请按图中编号填写与之相应的名称及功能于表7-1中。

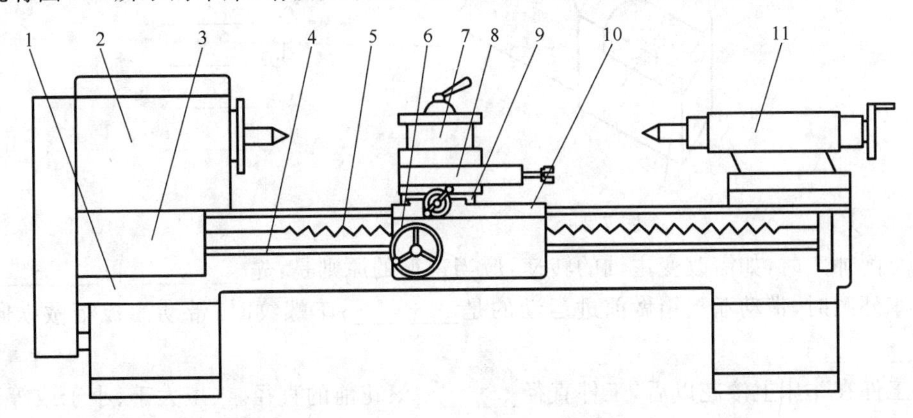

图7-1

表7-1

序号	名　称	功　能
1		
2		
3		
4		
5		
6		
7		
8		
9		
10		
11		

二、填空题(每空1分,共34分)

1.切削用量(车削用量)三要素是________、________和________,它们的单位分别是________、________和________,它们的代表符号分别是________、________和________。

2.车削加工一般可达到的尺寸精度为________,表面粗糙度为________。

3.机床的切削运动有________运动和________运动。车削加工时,工件的旋转是

________运动,车刀的纵向(或横向)运动是________运动。

4.安装车刀时,刀尖应与工件的________等高。

5.外圆车削一般分为粗车及精车。粗车时应尽快切去毛坯上的大部分________,但应留一定的________余量。

6.标出图 7-2 所示的车刀头各部分的名称。

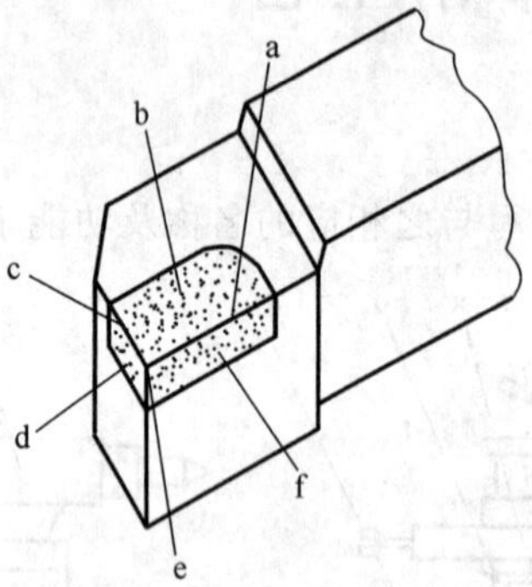

a. ________

b. ________

c. ________

d. ________

e. ________

f. ________

图 7-2

7.车削加工时,如需改变主轴的转速,应当遵循的原则是:先________,再________。

8.车外圆时,带动溜板箱做前进运动的是________;车螺纹时,带动溜板箱做纵向移动的是________。

9.工件在车床上滚花以后,工件直径________滚花前的直径。(填大于、小于或等于)

10.C6132E 的含义是:C 表示________,6 表示________,1 表示________,32 表示________,E 表示________。

三、问答题(每题 8 分,共 40 分)

1.主轴转速是否就是切削速度?当主轴转速提高时,刀架移动速度加快,这是否意味着进给量的加大?

2.粗车和精车加工的要求有何差异?粗车和精车的切削用量应如何选择?

3. 用中拖板(横溜板)进刀时,如果刻度盘的刻度多转了 4 格,可否直接退回 4 格?为什么?应如何处理?

4. 在车床的切削加工过程中,车床所使用的刀具材料应具备哪些特性?

5.在一般情况下,车床的加工范围有哪些?

四、计算题(15分)

设某车床中拖板(横溜板)丝杠螺距为5 mm,刻度盘为100格,如果工件毛坯直径为40 mm,欲一次走刀将工件外圆切直径至38 mm,中拖板刻度盘应转过几格?

成绩	

训练8　铣削工艺

一、看图填表题(每空1分,共31分)

1. 请将图8-1中卧式铣床各部分的名称及作用填于表8-1中。

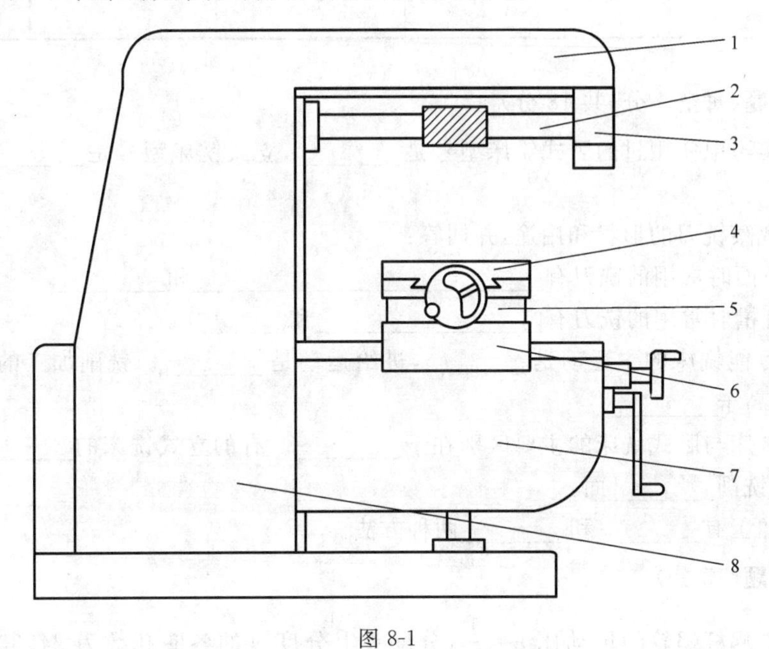

图8-1

表8-1

序号	名　称	作　用
1		
2		
3		
4		
5		
6		
7		
8		

2. 将铣削加工的名称、所使用的机床种类和铣刀名称填于表 8-2 中。

表 8-2

铣削加工					
加工名称					
机床种类					
铣刀名称					

二、填空题(每空 1 分,共 18 分)

1. 你在实习中使用过的卧式铣床型号是________,立式铣床型号是________,滚齿机型号是________。

2. 注意观察铣刀的形状和用途,并回答:

(1) 铣平面时常用的铣刀有________、________、________和________。

(2) 铣直槽时常用的铣刀有________、________和________。

3. 卧式万能铣床的主运动是________,进给运动是________。铣削加工的表面粗糙度 Ra 值一般不高于________。

4. 立式铣床与卧式铣床的主要区别在于________。有的立式铣床的________能偏转一定角度,以便铣削________面。

5. 齿轮加工有________和________两种方法。

三、计算题(15 分)

分度头中蜗杆蜗轮的传动比 $i=\frac{1}{40}$,分度头上分度盘的各圈孔数为 24、30、37、51、53、54,现欲铣一齿数 $z=36$、直径 $D=76$ 的齿轮。问:每铣一个齿槽时分度头手柄应摇几圈零几个孔?

四、问答题(每小题 9 分,共 36 分)

1.铣削加工时为什么通常选用逆铣?

2.分度头的主要功能是什么?可用于加工哪些零件?

3.端铣与周铣各有何特点?

4.铣削加工时为什么一定要开机对刀?

成绩	

训练 9　刨削工艺

一、填空题(每空 2 分,共 56 分)

1. 填写 B6066 牛头刨床型号的含义。

(1) B 表示________;(2) 60 表示________;(3) 66 表示________。

2. 填写图 9-1 引线所指的各部分的名称。

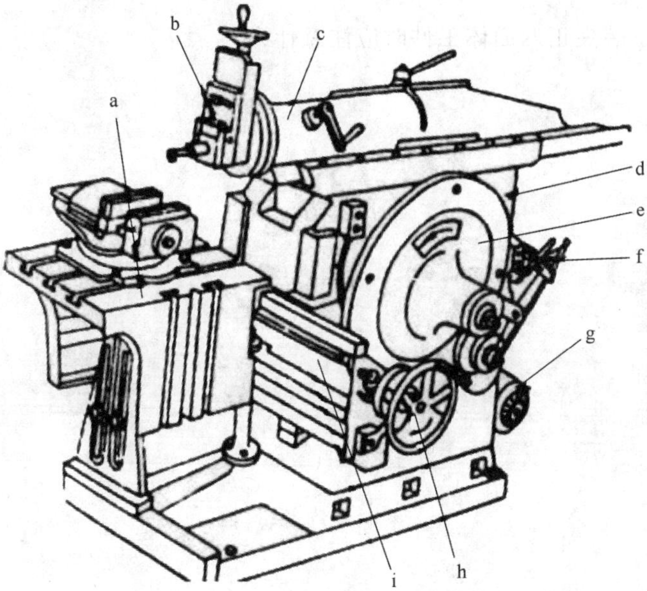

a ________
b. ________
c. ________
d. ________
e. ________
f. ________
g. ________
h. ________
i. ________

图 9-1

3. 牛头刨床的主运动是________,横向进给运动是________,垂直进给运动是________。

4. 牛头刨床是由________机构把电动机的旋转运动变为滑枕的________运动的。牛头刨床工作台的间歇进给运动,是由________机构实现的,进给量的大小用调整________的位置来改变,进给方向的改变靠改变________的方位来实现。

5. 牛头刨床的退刀行程比切削行程的速度快,是通过________机构来控制的,其目的是____________________。

6. 在牛头刨床上能加工的表面有:平面、垂直面、________、________、________、________、________和________。

二、判断题(正确的打"√",错误的打"×"。每小题 2 分,共 8 分)

1. 刨削加工精度一般在 IT8～IT10 级。　(　　)
2. 牛头刨床的滑枕行程位置、行程长度可以任意调整。　(　　)
3. 在刨削加工进行中,可以随时调整刨削速度。　(　　)
4. 可用牛头刨床加工封闭槽。　(　　)

三、问答题(每小题 9 分,共 36 分)

1. 牛头刨床刨削工件前,机床应做哪些方面的调整？如何调整？

2. 如何刨削正六面体工件？装夹正六面体工件时应注意什么？

3. 简述刨削加工的特点。

4. 刨床有哪几个种类？

成绩	

训练10　磨削工艺

一、填空题(每空2分,共48分)

1.砂轮由________、________和________组成。

2.磨床工作台的自动纵向进给是________传动,其优点是________、________、________、________。

3.砂轮硬度是指________。磨削较硬的材料应选用________砂轮,磨削较软的材料应选用________砂轮。

4.砂轮在安装前需经过________和________,其目的是________。

5.磨削外圆时工件做________运动及________运动,砂轮做________运动及________运动。

6.磨削加工的范围是:平面、圆柱面、________、________、________和________。

7.平面磨削分为________和________两种方法。

二、判断题(正确的打"√",错误的打"×"。每题2分,共10分)

1.磨削硬材料时应选用硬砂轮。(　　)

2.磨削的实质是一种多刀多刃的超高速切削。(　　)

3.用金属刀具很难甚至不能加工的金属工件可以用磨削的方法进行切削加工。(　　)

4.磨床工作台的纵向进给及砂轮的横向进给均由液压传动实现,因而是无级调速。(　　)

5.粗磨时选用磨料颗粒较大的砂轮,精磨时选用磨料颗粒较小的砂轮。(　　)

三、问答题(共42分)

1.磨削加工有哪些特点?为什么会有这些特点?(12分)

2.冷却液的作用是什么?(8分)

3.在什么情况下磨削时工件表面会产生烧伤？应如何避免？(10 分)

4.平面磨床常用磨削方法有哪几种？各自的特点是什么？(12 分)

成绩	

训练11　钳工工艺

一、填空题(每空1分,共30分)

1. 划线工具有:划线平台、________、________、________、________、划卡及划规、划针及划针盘和样冲等。

2. 锯条按齿距大小分________、________和________三种。

3. 常用的錾子有________和________两种。第一种用于錾削________和錾断金属材料,第二种用于________。

4. 若要锉削下列工件上有阴影的表面时,应使用何种锉刀?(在图下的横线上填写)

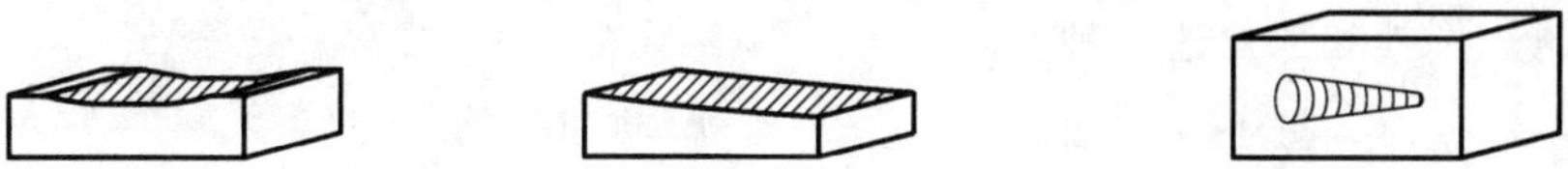

________　________　________

________　________　________

5. 攻螺纹是用________加工________的操作,套螺纹是用________加工________的操作。

6. 填表11-1,比较三种钻床在使用上的区别。

表11-1

钻床	孔径范围	工件大小	找正孔心方法(移动工件或钻头)
台钻			
立钻			
摇臂钻			

二、选择题(每小题2分,共10分)

1. 手工起锯的适宜角度约为________。

a. 0°　　b. 15°

c. 30°　　d. 45°

2.锯条安装时松紧要适当,太紧时锯条容易________,太松时锯条容易扭曲,也可能折断,而且锯出的锯缝易发生________。

a.磨损　　b.崩齿

c.折断　　d.歪斜

3.锯薄壁管子和薄材料时应选用________锯条,其原因主要是保证锯条有三个以上牙齿能接触工件,这样才能使锯条不易________。

a.粗齿　　b.细齿

c.折断　　d.崩齿

4.锉削时的速度一般为每分钟30～60次,速度太快容易疲劳和________。

a.使工件表面锉不平

b.加快锉齿的磨损

c.使齿间易嵌入切屑

5.锉刀的种类很多,按齿纹分有________和________两种,按锉刀齿纹的齿距大小一般可分为粗锉刀、中锉刀和细锉刀。普通锉刀按其________的不同又分为平锉、方锉、半圆锉、圆锉和三角锉五种。

a.长短　　b.断面形状

c.单齿纹　　d.双齿纹

e.锉外表面及内表面

三、计算题(15分)

某圆柱形工件尺寸为$\phi 40_{-0.10}^{-0.04}$ mm,试求其公称尺寸、最大极限尺寸、最小极限尺寸、上极限偏差、下极限偏差及公差。

四、工艺题(共 45 分)

对图 11-1 所示蜗轮箱进行加工前的划线,说明如何选择划线基准,并按表 11-2 填写划线步骤。

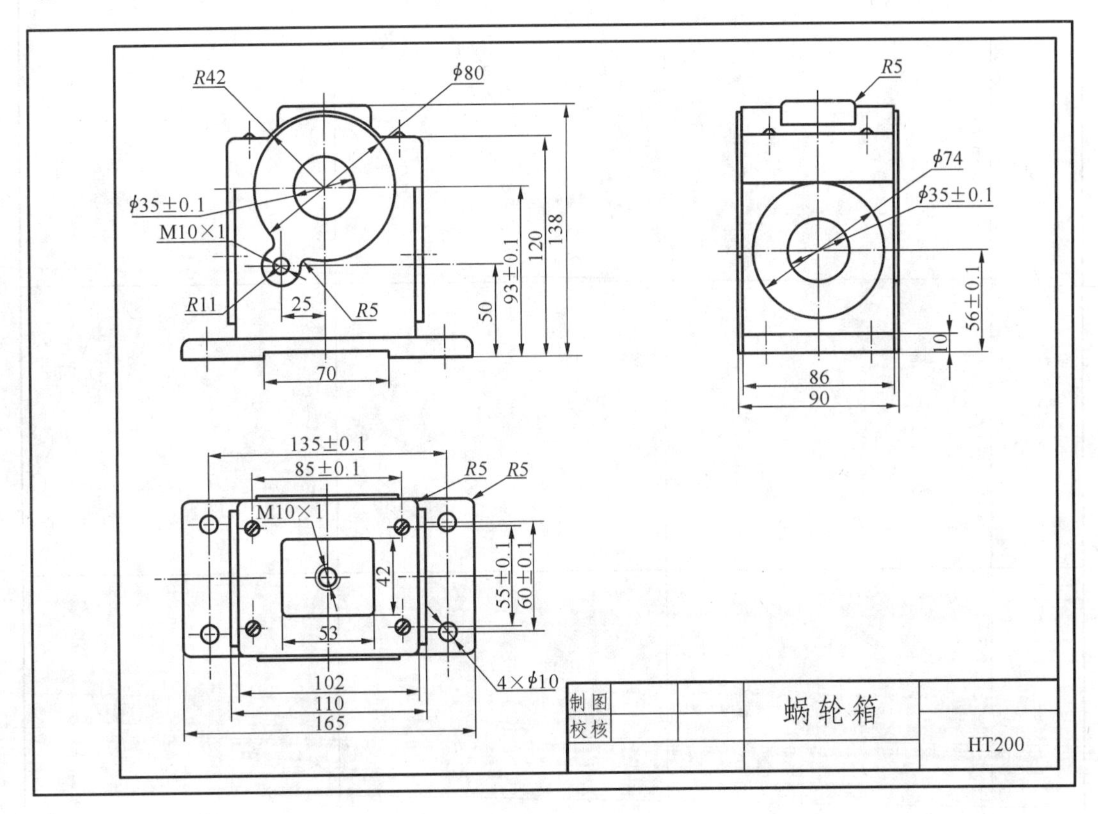

图 11-1

1. 如何选择划线基准?(9 分)

2.蜗轮箱划线步骤。(36分)

表 11-2

序号	操作内容	划线简图	工量具
1			
2			
3			
4			

第四部分　先进机械加工技术

成绩	

训练 12　数 控 车 削

一、填空题(每空 1 分,共 10 分)

1. 数控机床主要由控制介质、________、________和________组成。

2. 数控车床按伺服系统的控制方式不同可分为________、________和________三种类型。

3. 数控机床标准坐标系采用________直角坐标系,规定空间直角坐标系 X、Y、Z 三者的关系及其方向关系用右手定则判断。

4. 直线插补指令 G01 的特点是刀具以________的方式由某坐标点移到另一坐标点,由指令 F 设定________。

5. 数控机床的脉冲当量单位为________。

二、判断题(正确的打“√”,错误的打“×”。每小题 2 分,共 12 分)

1. 数控装置接到执行的指令信号后,即可直接驱动伺服电动机进行工作。　(　　)
2. 闭环控制的优点是精度高、速度快,适用于大型或高精度的数控机床。　(　　)
3. G 代码可分为模态 G 代码和非模态 G 代码。　(　　)
4. G00 代码的功能为直线插补。　(　　)
5. M03 为主轴反转指令,M04 为主轴正转指令。　(　　)
6. 数控车床刀具远离工件的方向为负方向,刀具趋近于工件的方向为正方向。　(　　)

三、选择题(每小题 2 分,共 12 分)

1. G01 X500 Z100 F40 表示________。

　a. 以 F=40 的进给速度移动至 X500 Z100 处
　b. 快速移动至 X500 Z100 处
　c. 从 X500 处移动至 Z100 处

2. 若输入程序段为 G02 X40 Y70 F40,则刀具做________。

　a. 圆弧插补运动　　b. 不运动　　c. 直线插补运动

3. G92 X0 Y0 Z10,表示刀位点在工件坐标系中的坐标值是________。

　a. X0,Y0,Z10　　b. X0,Y0,Z−10　　c. X0,Y0,Z0

4. 数控车床刀尖圆弧只有在加工________时,才会产生加工误差。

　a. 圆弧　　b. 端面　　c. 圆柱

5. 检查刀架实际位移的系统为________系统。

a. 开环　　b. 闭环　　c. 半闭环

6. 数控车床的两个坐标轴是________。

a. X 轴、Y 轴　　b. X 轴、Z 轴　　c. Y 轴、Z 轴

四、简答题(每小题 8 分,共 40 分)

1. 试比较普通车床与数控车床有哪些相同处和不同处。

2. 什么是脉冲当量？其单位是什么？

3. 简述数控车床的加工特点。

4. 简述数控车床开机、回零、关机的基本要求及操作步骤。

5.常用的编程坐标系有哪几种？数控车床的坐标系是如何规定的？

五、编程题(26 分)

采用数控车床加工如图 12-1 所示零件，试编写加工程序，刀具与切削用量自定。

要求：(1) 标出图中基点并进行计算；

(2) 编写程序；

(3) 材料为 $\phi70$ 棒料。

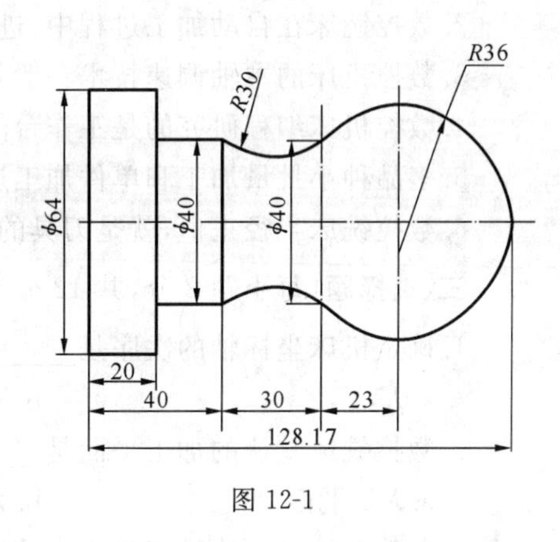

图 12-1

成绩	

训练13　数控铣削

一、填空题(每空2分,共22分)

1.数控机床按运动轨迹分类的三种数控系统是________、________和________。

2.工作原点的主要选择原则:一是____________,二是____________。

3.自动编程软件一般由________和________两部分组成。

4.按伺服系统控制方式不同,数控机床可分为________、________和全闭控制系统等三种类型。

5.指令G40的功能是________。

6.数控铣床默认的加工平面是________。

二、判断题(正确的打"√",错误的打"×"。每小题2分,共12分)

1.数控铣床半径补偿值就是刀具的实际半径。　(　　)

2.数控铣床在自动加工过程中,进给倍率归零后,机床处在暂停状态。　(　　)

3.数控机床的主轴调速技术一般采用的是PLC技术。　(　　)

4.数控机床编程研究的是工作台的运动轨迹。　(　　)

5.多品种小批量加工和单件加工选用数控设备最合适。　(　　)

6.数控铣床半径正值,就是刀具的实际半径。　(　　)

三、选择题(每小题2分,共12分)

1.确定机床坐标轴的次序是________。

a. X,Y,Z　　b. Y,X,Z　　c. Z,X,Y

2.数控铣床默认的加工平面是________。

a. XZ平面　　b. YZ平面　　c. XY平面

3.与旋转刀具和旋转工件重合的轴为________轴。

a. X　　b. Y　　c. Z

4.________为主轴停转指令。

a. M02　　b. M03　　c. M05

5.T0300表示________。

a. 3号刀补偿　　b. 撤销3号刀补偿　　c. 选用0号刀具

6.数控机床开机时,一般要进行回参考点操作,其目的是________。

a. 建立机床坐标系　　b. 建立工件坐标系　　c. 建立局部坐标系

四、简答题(共54分)

1.简述加工中心的组成。(12分)

2.简述数控铣床的工作特点。(10分)

3.数控机床送电后,为什么要首先做一次手动参考点复归?(10分)

4.简述数控铣床试切对刀的主要步骤。(12分)

5.简述数控机床的发展趋势。(10分)

成绩	

训练14 数控线切割、快速成形*

一、填空题(每空2分,共28分)

1. 电火花线切割加工时,在电极丝和工件之间进行________放电。
2. 电火花线切割机床按走丝速度不同可分为________走丝和________走丝。
3. 电火花线切割编程的方法分________编程和________编程。
4. 快速成形制造技术是靠________来生成零件的。
5. 典型快速成形工艺方法包括________法、________法、________法、________法、________法和________法。
6. 目前3D打印机有________和________两种类型。

二、判断题(正确的打"√",错误的打"×"。每题2分,共12分)

1. 线切割机床由控制系统和机床本体组成。 ( )
2. 电火花线切割可以加工一定锥度的通孔。 ( )
3. 线切割机床的控制系统包括运丝机构、坐标工作台和工作液循环系统等。 ( )
4. 快速成形是通过软件分层离散和数控成形系统,用激光束或其他方法将材料堆积而形成实体零件的。 ( )
5. 所有的快速成形工艺方法都是一层一层地制造零件,所不同的是每种方法所用的材料不同,制造每一层添加材料的方法不同。 ( )
6. 堆叠不仅能成形塑料、硅之类的材质,也能对金属粉末进行处理而加工出金属材质的工件来。 ( )

三、选择题(每题2分,共12分)

1. 电火花线切割时,电极丝接脉冲电源的________,工件接脉冲电源的________。
   a. 正极 负极　　　　b. 负极 正极
2. 要使电火花加工顺利进行,必须保证每来一个电脉冲时都会在电极丝和工件之间产生________。
   a. 火花放电　　　　b. 电弧放电
3. 中走丝线切割机床是在________的基础上加以改进形成的一种新型线切割机床。
   a. 慢走丝线切割机床　　　　b. 快走丝线切割机床
4. 用选择性激光烧结法制作的工艺原型件力学性能好、强度高,________,可选材料种类多且利用率高。
   a. 不需设计和构建支撑　　　　b. 需进行后处理
5. 光固化成形工艺成形速度快,材料利用率高,________。
   a. 需要支撑结构　　　　b. 不需支撑结构
6. 快速成形技术与传统的机械加工方法相比,其零件本身制作成本________,加工精度________。

a. 高　高　　b. 低　高　　c. 高　低　　d. 低　低

四、简答题(共 48 分)

1. 简述线切割机床的分类。(8 分)

2. 简述电火花加工的原理。(10 分)

3. 简述线切割机床的工艺特点和应用范围。(10 分)

4. 简述快速成形的原理。(10 分)

5. 3D 打印的典型技术包括哪些?(10 分)

第五部分　电子工艺技术

成绩	

训练 15　电子元件及焊接工艺

一、填空题(每空 2 分,共 20 分)

1. 在操作台上使用电烙铁焊接 PCB 时,主要可以采用________、________和________等三种握持烙铁的方法。

2. 从功能角度看,电阻一般分为________、________和________等三类。

3. 元件成形时,应该在距离元件引脚根部________处以上的位置将引脚弯折。

4. 三极管(BJT)主要有两种极性,分别是________和________。

5. 焊接质量的好坏可以通过浸润角来判断,一般而言,浸润角为________时,表示浸润良好,这时焊接的质量较高。

二、判断题(每小题 2 分,共 20 分)

1. 在功率相同的条件下,内热式电烙铁的热转换效率一般高于外热式电烙铁。(　　)

2. 在焊接精密集成电路时,尽量使用外热式电烙铁,并采取必要的散热措施。(　　)

3. 锡铅共晶焊料的熔点高于纯锡焊料。(　　)

4. 偏口钳可以用于剪切导线和元器件多余引脚,也可用于双股导线切割。(　　)

5. 造成虚焊的原因可能是烙铁温度不够或加热不够充分,也可能是元件引脚上的杂质没有及时清理干净。(　　)

6. 合格的焊点表面应有一层白色的薄膜覆盖在其上。(　　)

7. 焊接单面电路板上的分立元器件时,应从阻焊层所在面将元件装插在基板上。(　　)

8. P 型半导体中的多数载流子是空穴,少数载流子是自由电子。(　　)

9. 要实现全波整流功能,需要用两个整流二极管组成整流电路。(　　)

10. 一般可根据焊剂在烙铁头上的发烟状态来估计烙铁的温度,温度合适的标志为:助焊剂中等状态发烟。(　　)

三、简答题(每小题 12 分,共 60 分)

1. 简述利用数字式万用表测电阻的方法及有关的注意事项。

2.手工焊接电子产品时助焊剂是不可缺少的物品之一,在使用助焊剂时要注意哪些问题？焊接完成后,怎样判断焊点是否合格？

3.电解电容在安装使用时要注意哪些问题？如果旧电解电容的引脚已经不能区分长短了,应该如何找出它的正极？

4.电烙铁使用前和使用时要注意哪些问题？

5.如何对“烧死”的电烙铁进行处理？

第六部分　综 合 训 练

成绩	

训练 16　机电综合小车分析与设计*

<table>
<tr><td colspan="2">机电综合小车分析与设计</td></tr>
<tr><td rowspan="2">结构设计方案
Structure Design Scheme</td><td>项目名称</td></tr>
<tr><td></td></tr>
<tr><td colspan="2">1. 设计思路</td></tr>
<tr><td colspan="2">2. 小车设计方案</td></tr>
<tr><td colspan="2">3. 小车装配及零件图</td></tr>
<tr><td colspan="2">4. 总结和体会</td></tr>
</table>

产品名称		共　　页	第　　页	编号	

<table>
<tr><td colspan="3" rowspan="3">机电综合小车分析与设计</td><td rowspan="3">机械加工工艺过程卡片
Machining Process Card</td><td>共　页</td><td>第　页</td><td>编　号</td><td></td></tr>
<tr><td>产品名称</td><td></td><td>生产纲领</td><td>件/年</td></tr>
<tr><td>零件名称</td><td></td><td>生产批量</td><td>件/月</td></tr>
<tr><td>材料</td><td></td><td>毛坯种类　｜　毛坯外形尺寸</td><td>每毛坯可制作件数</td><td>每台件数</td><td></td><td>备注</td><td></td></tr>
<tr><td>序号</td><td>工序名称</td><td>工序内容</td><td>工序简图</td><td>机床
夹具</td><td></td><td>量具
辅具</td><td>工时
/min</td></tr>
<tr><td>1</td><td></td><td></td><td></td><td></td><td></td><td></td><td></td></tr>
<tr><td>2</td><td></td><td></td><td></td><td></td><td></td><td></td><td></td></tr>
<tr><td>3</td><td></td><td></td><td></td><td></td><td></td><td></td><td></td></tr>
<tr><td>4</td><td></td><td></td><td></td><td></td><td></td><td></td><td></td></tr>
<tr><td></td><td></td><td></td><td></td><td>编制(日期)</td><td>审核(日期)</td><td>标准化(日期)</td><td>会签(日期)</td></tr>
<tr><td>标记</td><td>处数</td><td>更改文件号</td><td>签字　｜　日期</td><td></td><td></td><td></td><td></td></tr>
</table>

机电综合小车分析与设计	工艺成本分析 Process Cost Analysis Scheme	共　页	第　页	编　号	
		产品名称		生产纲领	

1. 材料成本分析

编号	材料	毛坯种类	毛坯尺寸	件数/毛坯	每台件数	备注	编号	材料	毛坯种类	毛坯尺寸	件数/毛坯	每台件数	备注

2. 人工费和制造费分析

序号	零件名称	工艺内容	工时			工艺成本分析
			机动时间	辅助时间	终准时间	

3. 总成本

<table>
<tr><td rowspan="3">机电综合小车分析与设计</td><td rowspan="3">工程管理方案
Project Management Plan</td><td>共　　页</td><td>第　　页</td><td>编　　号</td><td></td></tr>
<tr><td>产品名称</td><td></td><td>生产纲领</td><td>件/年</td></tr>
<tr><td>零件名称</td><td></td><td>生产批量</td><td>件/月</td></tr>
<tr><td colspan="6">1. 生产过程组织(包括设备配置)</td></tr>
<tr><td colspan="6">2. 人力资源配置</td></tr>
<tr><td colspan="6">3. 生产进度计划与控制</td></tr>
<tr><td colspan="6">4. 质量管理</td></tr>
<tr><td colspan="6">5. 现场管理</td></tr>
</table>

注:以上设计方案相关表格,根据实际设计内容填写,页面不够可另附页。

成绩	

训练17　工程训练的体会、意见和建议

（注：训练17不计入总成绩，但必须如实填写，并表达个人体会，提出具有可行性的意见、建议。）

1. 谈谈你对此次实训的心得与体会。

2. 哪些实训工种或指导教师给你留下了深刻印象（无论是好印象还是坏印象，都可如实填写）？

3. 你对本次实训有何意见或建议？

与本书配套的二维码资源使用说明

本书部分课程资源以二维码链接的形式呈现。利用手机微信扫码成功后提示微信登录，授权后进入注册页面，填写注册信息。按照提示输入手机号码，点击获取手机验证码，稍等片刻收到 4 位数的验证码短信，在提示位置输入验证码成功，再设置密码，选择相应专业，点击“立即注册”，注册成功。（若手机已经注册，则在“注册”页面底部选择“已有账号？立即注册”，进入“账号绑定”页面，直接输入手机号和密码登录。）接着提示输入学习码，需刮开教材封底防伪涂层，输入 13 位学习码（正版图书拥有的一次性使用学习码），输入正确后提示绑定成功，即可查看二维码数字资源。手机第一次登录查看资源成功以后，再次使用二维码资源时，只需在微信端扫码即可登录进入查看。